BESTIMMUNGSTABELLEN FÜR GRÄSER UND HÜLSENFRÜCHTE IM BLÜTENLOSEN ZUSTANDE

VON

PROFESSOR DR. ERNST HENNING
WEIL. CHEF DER BOTAN. ABT. DER LANDWIRTSCHAFTLICHEN
CENTRALVERSUCHSANSTALT ZU STOCKHOLM

INS DEUTSCHE ÜBERTRAGEN VON
DR. F. v. MEISSNER

MIT EINEM VORWORT VON

A. ELOFSON
DIREKTOR DES SCHWED. REICHSVEREINS FÜR
WIESEN- UND WEIDENBAU, STAATSKONSULENT
FÜR PFLANZENBAU

MIT 2 ABBILDUNGEN UND 7 TAFELN

SPRINGER-VERLAG BERLIN HEIDELBERG GMBH 1930

ISBN 978-3-662-39064-1   ISBN 978-3-662-40043-2 (eBock)
DOI 10.1007/978-3-662-40043-2

ALLE RECHTE VORBEHALTEN.

Vorwort.

Obwohl eine genügende Kenntnis der Wiesen- und Weidenpflanzen die Grundbedingung ihrer zweckmäßigen Verwendung bildet, müssen wir leider gestehen, daß diese Kenntnis im großen und ganzen immer noch recht mangelhaft ist, namentlich was die Grasarten auf unseren Weiden betrifft. Alles was getan werden kann, um diesem Mangel unseres Wissens abzuhelfen, ist deshalb empfehlenswert. Die von Professor Henning für seine agrikulturbotanische Unterrichtstätigkeit aufgestellten Tabellen zur Bestimmung dieser Pflanzen sind im Auftrage des Schwedischen Reichsvereins für Wiesen- und Weidenbau weiter ergänzt und in dem Jahrbuch des Vereins 1927 veröffentlicht worden. Da die Henningschen Tabellen als ein wertvolles, die neuzeitliche Arbeit für die Weidekultur ergänzendes Glied angesehen werden können, um so mehr als sie nach wesentlich anderen Prinzipien aufgestellt sind als die sonst im Buchhandel zugänglichen Leitfäden auf diesem Gebiete, dürfte eine Übersetzung ins Deutsche nicht nur von praktischem Wert sein, sondern auch für die Forschung zur Vereinfachung und Vervollständigung der Bestimmungsmöglichkeiten beitragen. Aus diesem Grunde wird die Arbeit sowohl allen interessierten praktischen Landwirten als auch den Forschern auf dem Gebiete der Agrikulturbotanik empfohlen.

Upsala, im Oktober 1929.

A. Elofson.
Dir. des Schwed. Reichsvereins für Wiesen- und Weidenbau, Staatskonsulent für Pflanzenbau.

Inhaltsverzeichnis.

　　　　　　　　　　　　　　　　　　　　　　　　Seite
Einleitung 1
Die vegetativen Organe der Gräser 3
Die vegetativen Organe der Hülsenfrüchte 11
Bestimmungstabelle für Gräser im blütenlosen Zustande . . 14
Bestimmungstabelle für Hülsenfrüchte im blütenlosen Zustande 31
Verzeichnis der deutschen Namen 37
Verzeichnis der lateinischen Namen 39
Tafel I—VII

Einleitung.

Der erste, der einen Versuch unternahm, eine systematische Übersicht über Gräser im blütenlosen Stadium zu liefern, war JESSEN in seiner Arbeit ,,Deutschlands Gräser", 1863. In größeren Floren findet man wohl viele wertvolle Angaben über die vegetativen Organe der Gräser, die Aufstellung in diesen Werken muß sich aber naturgemäß hauptsächlich auf die *Blütenteile* beziehen, da sich Gruppen und Gattungen in der Familie der Gräser voneinander wesentlich in der verschiedenen Ausbildung der Blütenteile unterscheiden. Die gewöhnlichen Floren helfen einem daher wenig, wenn man die Gräser im vegetativen Stadium bestimmen will. Die wichtigste hierhergehörige Arbeit ist die des Dänen SAMSÖ LUND, dessen klassisches Werk ,,Vejledning til at kjende Graeser i blomsterlos Tilstand" (,,Anleitung zur Bestimmung von Gräsern im blütenlosen Zustande") im Jahre 1882 erschien. Später erschienene Schriften auf diesem Gebiete sind im wesentlichen Bearbeitungen und Vereinfachungen dieses Werkes. Nähere Angaben über diesbezügliche Literatur findet man in WITTMACK, Botanik der kulturtechnisch und landwirtschaftlich wichtigen Pflanzen, S. 244, 1924.

In vorliegender Arbeit habe ich in erster Linie den schwedischen Verhältnissen Rechnung getragen. Seltenere Gebirgsgräser sowie eingeschleppte Gräser, die auf Lastplätze lokal beschränkt sind, habe ich jedoch ausgelassen. Die Arbeit fußt im wesentlichen auf SAMSÖ LUNDS grundlegendem Werk. Die Vorkenntnisse, die nötig sind, um sich der Bestimmungstabelle bedienen zu können, sind nicht groß. Man muß wohl den allgemeinen äußeren Bau der vegetativen Organe der Gräser kennen, über den im Folgenden berichtet wird, ferner die Aufstellung einer Flora verstehen und womöglich auch einige Übung im Bestimmen von Pflanzen haben. Diese Vorkenntnisse sind aber nicht größer, als daß sie sich nicht beinahe jeder Landmann selbst aneignen kann.

Bei der Aufstellung der Tabelle habe ich mich bemüht, die sog. dichotomische Methode streng durchzuführen, so daß in erster Linie die Gegensätze in den Eigenschaften der einzelnen Arten stark hervortreten. Eine vollständige Beschreibung der vegetativen Organe der einzelnen Arten dürfte überflüssig sein; in einigen Fällen sind aber eine Reihe von ergänzenden Angaben mitgeteilt, welche die Bestimmung erleichtern können.

Nach den Gräsern sind die Hülsenfrüchte die wichtigsten Futterpflanzen auf unseren Weiden. Da es vielfach von Wert sein kann, auch diese Pflanzen im blütenlosen Stadium zu bestimmen, habe ich auch über sie eine Bestimmungstabelle mit einleitender Erklärung über die Fachausdrücke ausgearbeitet.

Für diejenigen, welche versuchen wollen, die Bestimmung von Gräsern und Hülsenfrüchten nach den folgenden Tabellen selbst zu erlernen, sei betont, daß

I sein Gegenstück in II,
a_1 ,,   ,,   ,, b_1,
a_2 ,,   ,,   ,, b_2

hat usw.

An Hand gewöhnlicher Floren ist es, wie oben erwähnt, fast unmöglich, Gräser zu bestimmen, deren Blüten nicht entwickelt sind. Ich glaube daher, daß die folgenden Bestimmungstabellen auch für Botaniker von Wert sein können, da ja nur ganz wenige Arten von schwedischen Gräsern und Hülsenfrüchten in den Tabellen fehlen. Bei pflanzenphysiognomischen Studien sind Kenntnisse auf diesem Gebiete unbedingt notwendig, sollen die Beschreibungen über die Pflanzengesellschaften (Pflanzenassoziationen) so vollständig und zuverlässig als möglich werden.

Die meisten auf den Tafeln wiedergegebenen Bilder sind der Arbeit SAMSÖ LUNDS entnommen, Abb. I auf Tafel I sowie Abb. II auf Tafel II stammen aus FALKES Arbeit ,,Die Dauerweiden", 2. Aufl. 1911. Die lateinischen Namen decken sich mit denen in KROK und ALMQUISTS Schulflora und die deutschen im großen und ganzen mit denen in GORCKES Flora.

Die vegetativen Organe der Gräser.

Bevor ich die Bestimmungstabelle mitteile, will ich über den Bau der vegetativen Organe der Gräser sowie über die wissenschaftlichen Ausdrücke berichten, die auf diesem Gebiete benutzt werden.

Hinsichtlich des wirklichen Wurzelsystems der Gräser ist zu beachten, daß man bei ihnen nicht von einer Hauptwurzel mit Wurzelzweigen sprechen kann. Beim Keimen des Grassamens (eigentlich der Grasfrucht) bilden sich fast gleichzeitig mehrere gleichwertige Wurzelfasern; das Wurzelsystem besteht somit nur aus sog. Nebenwurzeln; das beim Keimen zuerst hervorbrechende Würzelchen wird nicht kräftiger als die folgenden Wurzelfasern. Nebenwurzeln entstehen jedoch nicht nur während des Keimens; sie können sich auch später an über oder unter der Erde liegenden Trieben entwickeln. Die Entwicklung des Wurzelsystems und der unterirdischen Triebe wird natürlich verschieden, je nachdem die Gräser ein-, zwei- oder mehrjährig werden. Von unterirdischen Trieben kann man gewöhnlich nur bei mehrjährigen Gräsern sprechen. Werden jedoch Samen von ein- oder zweijährigen Gräsern tiefer in die Erde gesät, so kommt die ursprüngliche, primäre Triebachse ein längeres oder kürzeres Stück tief unter der Oberfläche zu liegen und an ihr können sich auch Zweige bilden, die dann teilweise unter der Erde liegen.

Die über der Erde befindlichen ,,Stengel'' der Gräser nennt man in der Alltagssprache Halme (Grashalme). Die Grashalme sind besonders dadurch gekennzeichnet, daß an ihnen ein oder in der Regel mehrere angeschwollene Gelenke vorkommen, sog. Halmknoten, an denen die Blattscheiden befestigt sitzen. Die Halme der Gräser sind hohl, mit Ausnahme der eigentlichen Halmknoten, die, wie sich bei einem Schnitt zeigt, aus einer dichten, festen Masse (Gewebe) bestehen. Die Grashalme verzweigen sich in der Regel nur an der Basis, d. h. an der Erdfläche oder an der Spitze, d. h. im Blütenstand. Ganz wie bei anderen Pflanzen entwickeln sich die Zweige an der Halmbasis in den

Blattfalten, d. h. in den Winkeln zwischen Blatt und Halm. In den Fällen, wo die Blätter, wie dies bei unterirdischen Triebteilen gewöhnlich der Fall ist, nur aus kleineren oder größeren Schuppen bestehen, entwickeln sich die Zweige in den Winkeln zwischen diesen und den Halmen. Da die an unterirdischen Trieben befindlichen Schuppen gewöhnlich bald verwelken oder einschrumpfen, machen diese Triebe den Eindruck von Wurzeln. Nach der botanischen Terminologie sind sie aber Wurzelstöcke. Die Verzweigung an der Basis des Grashalmes pflegt man Bestockung zu nennen. Die Bestockung wird in der Regel um so stärker, je öfter das Gras gemäht oder abgeweidet wird, doch verhalten sich die einzelnen Grasarten diesbezüglich recht verschieden. Bei einjährigen Gräsern, z. B. bei Gerste, Hafer usw., entwickeln sich die Seitentriebe fast gleichzeitig mit dem primären Haupttriebe, so daß ihre Früchte nahezu gleichzeitig zur Blüte und Reife gelangen. Bei mehrjährigen Gräsern entwickeln sich die Seitentriebe so langsam, daß sie in der Regel nicht vor dem nächsten Jahre zur Blüte gelangen, sofern das Gras nicht zeitig gemäht oder abgeweidet wird. Ein Gras, das noch im Hochsommer eine größere oder kleinere Anzahl steriler, d. h. blütenloser, keine Halme hervorbringender Seitentriebe, sog. Blatttriebe hat, ist daher mehrjährig[1]. Je leichter ein mehrjähriges Gras nach dem Mähen oder Abweiden Seitentriebe entwickelt, desto größeren Wert hat es, da der Bestand hierdurch dichter wird.

Glatthafer ist ein Gras mit reichem Nachwuchs, auch Wiesenschwingel und Knaulgras haben einen recht guten Nachwuchs, jedenfalls einen besseren als Timothee. Eigentümlich ist, daß sich bei Hainrispengras (*Poa nemoralis*), das ja ein mehrjähriges Gras ist, keine sterilen Seitentriebe vom Wurzelstock entwickeln.

Die Wurzelstöcke sind im allgemeinen kurz und ihre Triebe sitzen so dicht nebeneinander, daß die Gräser mehr oder weniger dichte Horste bilden, z. B. Timothee, Knaulgras, Weidelgras und Rasenschmiele. Der kurze Wurzelstock bildet jährlich blüten-

---

[1] Man sagt, unsere Herbstgetreidearten sind zweijährig, wiewohl sie nicht länger als 11—12 Monate leben. Sie müssen ja in dem einen Jahre gesät werden, um im nächsten geerntet zu werden. Johannesroggen wird ja bereits im Juni gesät, bildet im Spätsommer und Herbst einen blattreichen Horst ohne Halme und kann daher fehlerhaft als mehrjähriges Gras betrachtet werden.

tragende Triebe, die im vorhergehenden Jahre in der Regel sterile Blatttriebe waren, weiters neue Blatttriebe und neue Wurzeln. Das Gegenstück des kurzen Wurzelstockes ist der kriechende Wurzelstock, bei dem wenigstens einzelne Zweige zu langen kriechenden Trieben mit größeren oder kleineren Abständen zwischen den ,,Gliedern" entwickelt sind; besonders deutlich ist dies beispielsweise beim Schilfrohr, der echten Quecke, der grannenlosen Trespe und dem Wiesenrispengras zu beobachten. Bei ersterwähntem können die Wurzelstöcke mehr als meterlang werden. Diese kriechenden, langgliedrigen Wurzelstöcke werden gewöhnlich unterirdische Ausläufer genannt. Jeder Zweig an einem solchen Ausläufer biegt sich allmählich gegen die Erdfläche und bildet hier Blatttriebe in kleinen Horsten. Während der kurze Wurzelstock dichte Horste bildet, bilden die unterirdischen Ausläufer dünne, kleinere Horste. Natürlich haben Gräser mit unterirdischen Ausläufern eine größere Fähigkeit, sich in einem Grasboden auszubreiten als Gräser mit kurzem Wurzelstock.

Einige Gräser bilden überirdische Ausläufer, z. B. gem. Rispengras. Von dem Horst werden nämlich längs der Erdfläche kriechende Zweige ausgeschickt, die an ihren Gelenksknoten teils Wurzeln, teils Blattbüschel bilden, die sich allmählich zu neuen Horsten entwickeln. Einzelne Formen von Fioringras haben sowohl überals unterirdische Ausläufer. Bei gewissen Gräsern, z. B. lanzettlichem Schilf, können Zweige von hoch droben an den Halmen sitzenden Halmknoten ausgehen.

Die verschiedene Entwicklung der Blätter bei den Gräsern muß natürlich reiche Möglichkeiten bieten, diese Pflanzen im blütenlosen Zustande bestimmen zu können. Zu beachten ist zunächst, daß die Halmblätter bei den Gräsern in 2 Reihen auf dem Halm stehen, während sie bei den Riedgräsern in 3 Reihen stehen. Blätter, die vom Wurzelstock ausgehen, werden ,,Wurzelblätter" genannt.

Die Blätter der Gräser bestehen in der Regel aus *Blattscheide*, *Spreite* und *Blatthäutchen*; letzteres ist gewöhnlich ein häutchenartiges Organ, das an der Grenze zwischen Scheide und Spreite sitzt und als eine Fortsetzung der Haut auf der Innenseite der Scheide betrachtet werden kann. Ein Blattstiel fehlt immer. Die kleinen Schuppen, die, wie oben erwähnt, an den unterirdischen Ausläufern vorkommen, sind als zusammengeschrumpfte Scheiden zu betrachten; diesen Blattgebilden fehlen demnach Spreiten. Bei Waldschwingel finden wir mehrere auffällig große, blasse Scheiden ohne Blattscheiben an der Halmbasis. Die Blattscheide umschließt den Halm wie ein Rohr. Sie ist in der Regel „offen", d. h. ihre Kanten sind nicht miteinander verwachsen; die Scheide kann daher mit einem zusammengerollten Papier verglichen werden. Es gibt jedoch Gräser mit mehr oder weniger vollständig geschlossenen Scheiden, wie Arten von Perlgras, Trespe usw. Zu beachten ist, daß bei mehreren Gräsern die Blattscheiden in jungem Zustande geschlossen sind, aber von an ihrer Innenseite hervorbrechenden Trieben gesprengt werden. Gewöhnlich hat die Scheide die Form eines Rohres, bei gewissen Arten ist sie aber stark zusammengedrückt, wie bei Knaulgras, Waldrispengras, zu-

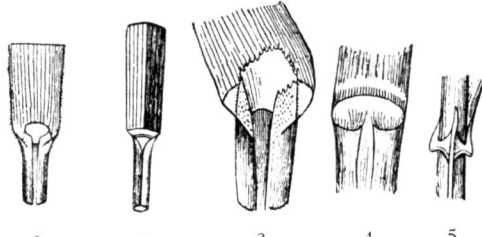

1 2 3 4 5
Abb. 1. Blattgrund und Blatthäutchen bei 1. Milium, 2. Melica nutans, 3. Avena elatior 4. Phragmites, 5. Melica uniflora.

sammengedrücktem Rispengras usw. Ebenso wie die Blattspreite selbst wird auch die Scheide von einer Menge parallel laufender Adern („Nerven") durchzogen, unter denen sich diejenige, welche dem Mittelnerv der Spreite entspricht, oft scharf in Form eines Kiels abzeichnet, z. B. bei Knaulgras, Flattergras, Schmiele und Trespe. Bei mehreren Gräsern finden wir zwischen den Adern eine Menge von Querverbindungen, sog. Anastomosen (Tafel II, 10; III, 3), die sich deutlich abzeichnen, wenn man die Scheide gegen das Licht hält, z. B. bei Arten von Schwaden und beim Rohrglanzgras. Auf der Außenseite kann die Scheide glatt, weich- oder harthaarig sein. Auf der Innenseite ist die Scheide immer glatt und eben, fast spiegelblank.

Das Blatthäutchen fehlt bei schwedischen Gräsern nie gänzlich, es kann aber bei gewissen Arten in Haare aufgelöst sein, wie bei Dreizahn, Pfeifengras und Schilfrohr. Das Häutchen ist gewöhnlich dünn und blaß, selten steif und grün oder violett. Es ist an der Spitze meist stumpf, z. B. bei gemeinem Straußgras und Wiesenrispengras, kann aber auch abgerundet sein, z. B. bei Knaulgras; bei vielen ist es lang ausgezogen und spitz, z. B. bei Fioringras, gemeinem Rispengras und Wiesenfuchsschwanz. Im allgemeinen ist das Blatthäutchen am längsten beim obersten Blatt an einem Halm. Mitunter ist es an der Spitze gezähnt, wie bei Timothee, Glatthafer, wolligem Honiggras, weichhaariger und Feldtrespe. Seltener ist es haarig, z. B. bei wolligem Honiggras, Waldzwenke, Glatthafer und Wiesenfuchsschwanz.

Man kann sich im Voraus vorstellen, daß die Blattspreite selbst etliche Merkmale darbieten muß, wenn es sich darum handelt, blütenlose Gräser voneinander zu unterscheiden. Man kann zunächst nach der sog. Knospenlage der Blattspreite zwischen zwei Hauptgruppen von Gräsern unterscheiden (Tafel I, a_2 und b_2). Die eine Gruppe hat die Blattkanten im Knospenstadium eingerollt, so daß die Blätter in diesem Stadium einem schmalen, zusammengerollten Papier gleichen, bei dem die eine Kante die andere überdeckt; bei der anderen Gruppe dagegen sind beide Blatthälften gegeneinander gefaltet und sehen daher einem schmalen, in der Mitte gefalteten Papierstreifen ähnlich. Wenn die Blätter vollständig entwickelt sind, sind die Blatthälften sowohl bei Blättern mit zusammengerollter als mit gefalteter Knospenlage mehr oder weniger vollständig ausgebreitet. Einzelne Gräser mit gefalteter Knospenlage besitzen indessen die Fähigkeit, bei Feuchtigkeitsmangel die beiden Blatthälften zusammenzurollen oder zusammenzufalten, nachdem die Blattspreiten bereits ihre volle Entwicklung erfahren haben. Bei Feuchtigkeitsmangel verdunstet das Wasser in gewissen, auf oder neben dem „Mittelnerv" oder auch neben den anderen Blatt„nerven" liegenden, großen Hautzellen, „Gelenkzellen", wodurch sich die Blatthälften gegeneinander biegen; bei Zufuhr von Feuchtigkeit saugen diese Zellen wieder Feuchtigkeit an und die Blatthälften trennen sich wieder. Derartige Zellen liegen bei den Rispengrasarten zu beiden Seiten des Mittelnerves (Tafel IV, 2), bei *Glyceria*-Arten und Knaulgras über dem Mittelnerv, bei Dreizahn, Fioringras usw. auch zwischen den Seitennerven. Verschiedene Arten der gleichen Gräsergattung haben gewöhnlich die gleiche Knospenlage, welsches Weidelgras hat jedoch eine eingerollte Knospenlage, deutsches Weidelgras eine gefaltete. Die Trespenarten haben im allgemeinen eine eingerollte Knospenlage, die aufrechte Trespe hat eine gefaltete. Bei Blättern der gleichen Art wechselt die Knospenlage selten. Bei schwachen Blättern von welschem Weidelgras und bei Wiesenschwingel kann die Knospenlage gefaltet sein, obgleich sie in der Regel eingerollt ist. Andererseits kann bei sehr kräftigen Blättern von deutschem Weidelgras die Knospenlage gerollt statt gefaltet sein. Ähnliches finden wir auch bei Hundstraußgras. Bei gewissen Gräsern bleibt die Faltung der Blatthälfte bestehen, d. h. die Blatthälften biegen sich nie voneinander, nämlich bei Gräsern mit mehr oder weniger fadenschmalen oder borstenähnlichen Blättern, wie geschlängelte Schmiele, Schafschwingel und Borstengras. Die Faltung tritt bei diesen in Form einer mehr oder weniger deutlichen Rinne auf der Oberseite zutage. Im allgemeinen sind diese Blätter zusammengepreßt oder 5—6 kantig (Tafel I, 2, Tafel II, 1).

Die Form der Blattspreiten wechselt ja im großen und ganzen wenig. In der Regel ist sie fast ihre ganze Länge entlang gleichbreit, z. B. bei Wiesenrispengras und Rotschwingel, in einzelnen Fällen, wie erwähnt, sogar nahezu fadenähnlich, wie bei geschlängelter Schmiele und Schafschwingel. In anderen Fällen liegt die größte Breite dicht unterhalb der Mitte des Blattes, z. B. bei Ruchgras, mitunter liegt sie ungefähr in der Mitte, so daß die Blattspreite sowohl aufwärts als abwärts schmäler wird, wie bei Rohrarten und Flattergras, seltener an der Basis selbst, wie bei gemeinem Rispengras und Sumpfrispengras. Die Blattspreite kann weich oder steif sein. Bei einigen Wassergräsern, z. B. *Glyceria*-Arten, enthalten die Blätter zahlreiche luftgefüllte Hohlräume (Tafel III, Abb. 2, 7, 13).

Bei mehreren Gräsern finden wir einen scharf hervortretenden Kiel längs der Mittellinie der Unterseite, und zwar besonders deutlich bei Knaulgras (Tafel IV, 1) und Rohrglanzgras, bei dem der Kiel weiß ist; weniger scharf finden wir ihn bei der echten Quecke. Viele Gräser haben auf der Oberseite der Blätter deutlich hervortretende Rippen oder Leisten, wie Rasenschmiele, bei der diese Leisten sehr hoch und mit kurzen steifen Haaren versehen sind (Tafel II, 3), weiteres bei Arten von Schwingel, Fuchsschwanz usw.

Die Grasblätter sind einfach geädert, d. h. eine größere oder kleinere Anzahl unverzweigter, parallel laufender Adern oder Nerven führt durch die gesamte Länge der Blattspreite hindurch. Der Mittelnerv ist der kräftigste. Die Nerven laufen in der Regel mitten zwischen der Hauptschicht der Oberseite und derjenigen der Unterseite hindurch. Bei der Rasenschmiele ist die obere Blattfläche durch in Reihen angeordnete, dreiseitige Leisten stark gefaltet; jede Leiste enthält gewöhnlich drei dreieckig angeordnete Adern (Tafel II,3), von denen diejenige, welche der oberen Kante der Leiste am nächsten liegt, die kräftigste ist. Die Seitenadern in der Blattspreite können untereinander ungefähr gleich kräftig sein, wie bei Fioringras, deutschem Weidelgras, Knaulgras, Wiesenschwingel usw., oder jede zweite ist schwächer, wie bei Wiesenrispengras, welschem Weidelgras, ja bei wolligem Honiggras liegen zwei bis drei schwache Nerven zwischen je zwei kräftigen (Tafel IV, 5). Bei den meisten Gräsern finden wir weiße Bastfasern dicht an der Haut, gewöhnlich gerade vor den Nerven auf der einen oder auf beiden Seiten des Blattes. Bei Blattspreiten mit Kiel auf der Unterseite, z. B. bei Knaulgras, sind die Bastfasern besonders kräftig entwickelt (Tafel IV, 1). Der Bast kann entweder die ganze Breite des Blattes entlang den Zwischenraum zwischen den Blattnerven und der Haut auf beiden Seiten des Blattes vollkommen ausfüllen, wie bei deutschem Weidelgras (Tafel II, 11) und Knaulgras, oder die Blattnerven sind von „losem" Gewebe umgeben und der Bast liegt nur dicht an der Haut selbst, wie bei Wiesenschwingel. Bei anderen Gräsern, z. B. weichhaariger Trespe, finden wir nur an der Unterseite der Mittelader Bastelemente entwickelt. Bei der Rasenschmiele finden wir Bastfasern auf beiden Seiten, sowohl gerade vor dem starken Nerv in jeder dreiseitigen Leiste auf der Blattfläche als zwischen den einzelnen Leisten; aus diesem Grunde scheinen bei durchfallendem Lichte weiße Streifen zwischen den Leisten die Blätter zu durchziehen (Tafel II, 3, 4). Bei borstenähnlichen Blättern liegen die Bastfasern gerade vor den Nerven an der Unterseite („Rückenseite") und an den Blattkanten (Tafel I, 2, die dunkel gezeichneten Partien).

Seltener sind die Blätter ganz glatt, wie bei Knaulgras, Rispengras und Wiesenfuchsschwanz, gewöhnlich sind sie mehr oder weniger reich mit kurzen oder langen Haaren versehen; die kurzen sind nicht selten steif, namentlich an den Blattkanten, bisweilen auch längs des Kieles und der Leisten, z. B. bei Rasenschmiele (Tafel II, 3). Die langen Haare können sehr spärlich sein, z. B. bei Goldhafer (Tafel IV, 4) oder sehr dicht, z. B. bei wolligem Honiggras (Tafel IV, 5). Eigentümliche, warzenähnliche Haare finden wir bei dem grauen Silbergras (Tafel II, 6).

Die Gräser haben eine lichtgrüne (gemeines Rispengras), dunkelgrüne (Rasenschmiele), blaugraue (Knaulgras) oder lichtgraue (Silbergras) Farbe in verschiedenen Nuancen. Die Farbe wechselt ein wenig nach Standort und Boden. Bei der gleichen Art kann die Farbe auf der Oberseite des Blattes recht verschieden sein von der der Unterseite. Bei Wiesenhafer, blauem Gilzgras u. a. m. ist die Oberseite des Blattes infolge eines Wachsüberzuges bläulich, die Unterseite dagegen grün, bei deutschem Weidelgras ist die Oberseite dunkler grün als die Unterseite, die glänzender ist. Im allgemeinen ist die Unterseite der Grasblätter glänzender als die Oberseite.

Der unterste Teil der Blattspreite, der Blattgrund, ist oft eigentümlich ausgebildet, gewöhnlich kurz und dünn, beim Borstengras lang, dick und steif; bald platt, wie bei Knaulgras und deutschem Weidelgras, bald mit aufwärts gebogenen Kanten, wie bei Rohrarten. Die Farbe ist oft blaß, wie bei der echten Quecke (Tafel I, 4). Bei einer Menge von Gräsern ist der Blattgrund unten zu zwei oft gezahnten Zähnen verlängert, sog. Zahnfortsätzen, die gewöhnlich spitz sind, wie bei deutschem Weidelgras, Wiesenschwingel, rauhhaariger Trespe und echter Quecke (Tafel I, 3 und 4) u. a. m., dagegen bei gemeinem Ruchgras stumpf sind (Tafel I, 5). Der Blattgrund ist mitunter stark haarig, wie bei gemeinem Ruchgras und Waldzwenke.

Eine gewisse Bedeutung für die Diagnose blütenloser Gräser besitzt auch die Anzahl und Lage der Spaltöffnungen.

Eigentümlich ist, daß bei den Gräsern die Spaltöffnungen auf der Oberseite viel zahlreicher sind als auf der Unterseite, während bei anderen Pflanzen das Umgekehrte der Fall ist. Bei einzelnen Gräsern, wie deutschem Weidelgras, Wiesenschwingel und *Poa*-Arten fehlen Spaltöffnungen auf der Unterseite überhaupt, oder es sind nur ganz wenige vorhanden (Tafel IV, 3a, b, c). Bei Knaulgras und Timothee finden wir auf der Unterseite des Blattes zahlreiche Spaltöffnungen. Die Spaltöffnungen liegen gewöhnlich in

Reihen längs der Blattadern, auf der Oberseite jedoch unregelmäßiger verteilt als auf der Unterseite. Bemerkenswert ist, daß man weder mit freiem Auge noch mit Lupe die eigentlichen Spaltöffnungen sehen kann, die kleine, feine Löcher in der Blatthaut darstellen; dagegen liegt unter jeder Spaltöffnung ein relativ großer, luftgefüllter Hohlraum, der mit oder ohne Lupe als ein weißer Punkt erscheint.

Bei vielen Gräsern kann man, wie erwähnt, eine blaugrüne Farbe beobachten, und zwar vor allem auf der Oberseite des Blattes. Sie hat ihren Grund in einem Wachsüberzug, der sich leicht mit dem Finger entfernen läßt. Dieser Überzug tritt vielleicht am meisten bei solchen Gräsern auf, die auf trockenen Stellen wachsen, wie Wiesenhafer, blauem Gilzgras und einzelnen *Poa*-Arten.

Grasähnliche Pflanzen sind Marbel-, Simsen-, Binsen- und Riedgräserarten. Diesen fehlen gegliederte Halme und Halmknoten und ihre Stengel sind mit lockerem Mark gefüllt.

Die vegetativen Organe der Hülsenfrüchte.

Die auf Wiesen und Weiden vorkommenden Hülsenfrüchte im blütenlosen Stadium ihrer Art nach zu bestimmen, ist verhältnismäßig leicht. Die Unterschiede zwischen den verschiedenen Gattungen beziehen sich zwar auch hier hauptsächlich auf die Entwicklung der Blüte und der Frucht, die großen Gruppen der Familie unterscheiden sich aber auch in der verschiedenen Form des Blattes.

Die Blätter der meisten Hülsenfrüchte sind zusammengesetzt[1], d. h. jedes Blatt besteht aus mehreren Teilblättchen, die an einem gemeinsamen Blattstiel sitzen. Man kann zwei Haupttypen unterscheiden, nämlich die paarblättrigen und die dreizähligen Blätter. Die paarblättrigen haben oft eine große Anzahl von Teilblättchen, Fiederblättchen oder nur Blättchen genannt, wie bei den Wickenarten, die sich an dem gemeinsamen Blattschaft paarweise gegenübersitzen — einige Lathyrusarten haben jedoch

---

[1] Unter den schwedischen Hülsenfrüchten haben nur der in Südschweden vorkommende Heideginster (*Ulex*), der Besenginster (*Sarothamnus*) und die *Genista*-Arten einfache Blätter. Sie haben als Weidepflanzen keine Bedeutung. Die beiden ersterwähnten sind Sträucher.

einpaarige Blätter — und sie enden entweder mit einem Endblättchen oder mit sog. Ranken, mit welchen sie sich an andere Pflanzen anbinden. Selten fehlt sowohl das Endblättchen als die Ranke, wie bei einigen Platterbsenarten, wo die Ranke verkümmert ist und nur aus einer kurzen, fast fadenähnlichen Fortsetzung des Blattschaftes besteht. Bei den dreizähligen Blättern ist die Anzahl der Blättchen drei; von diesen ist das eine das Endblättchen und die beiden anderen sitzen einander gegenüber, wie bei Arten von Klee und Luzerne.

Die Form der Blättchen ist ziemlich verschieden; sie können fast rund, oval sein, mit der größten Breite in der Mitte; länglichlanzettlich oder eirund, am breitesten an der Basis; verkehrteirund, am breitesten nahe der Spitze; keilförmig, von der Spitze abwärts gleichmäßig schmäler werdend. Die Blättchen desselben Blattes sind gewöhnlich ungefähr gleich groß; beim Wundklee (*Anthyllis*) ist das Endblättchen bedeutend größer als die Fiederblättchen (Tafel VI, 2). Gewöhnlich sind die Blättchen von einem kräftigen Mittelnerv durchzogen, von dem einfache oder verzweigte Nerven gegen die Ränder führen. Derartige Blätter werden fiederädrig oder fiedernervig genannt (Tafel V, 2). Bei den *Lathyrus*-Arten finden wir zu beiden Seiten des Mittelnervs einige starke, bogenförmige Adern; derartige Blätter sind bogenadrig oder bogennervig (Tafel V, 3, 4). Der Blattschaft ist mitunter platt, relativ breit und wird in diesem Falle geflügelt genannt. Von dem Ansatzpunkte des gemeinsamen Blattstieles am Stengel entspringen gewöhnlich zwei blatt- oder häutchenähnliche Gebilde, die Nebenblätter genannt werden und ein sehr verschiedenes Aussehen haben können; sie bieten daher oft gute Unterscheidungsmerkmale zwischen verwandten Arten dar. So ist beispielsweise beim Rotklee der freie Teil der Nebenblätter eirund und geht plötzlich in eine Granne über, während bei dem ähnlichen mittleren Klee der freie Teil der Nebenblätter lanzettlich ist; bei den Wickenarten sind die Nebenblätter gewöhnlich klein, pfeilförmig oder halbmondförmig, nicht selten zipfelig; bei der gewöhnlichen Wiesenplatterbse dagegen sind sie ungefähr gleich groß wie die Fiederblättchen (Tafel V, 3). Bei den *Lotus*-Arten fehlen Nebenblätter.

Der Stengel ist oft kantig, wie bei Wicken- und Platterbsenarten, ferner bei der Luzerne, bei Kleearten im allgemeinen nahezu rund. Besonders bei mehreren Platterbsenarten ist er ebenso wie der Blattschaft geflügelt. Bei gewissen Arten kriecht er die Erdfläche entlang und schlägt Wurzeln, z. B. bei Weißklee und Erdbeerklee. Sowohl die Blätter als der Stengel können im übrigen glatt oder haarig sein.

Auch bei der Bestimmung von Hülsenfrüchten ist in einzelnen Fällen eine Lupe notwendig, z. B. zur Entscheidung der Äderung der Blätter oder ihrer Behaarung.

Bestimmungstabelle über Gräser im blütenlosen Zustande.

I. **Blattspreiten in der Knospenlage gerollt.**   Nr.
(Tafel I, 1 b_2.)
a_1 Blatthäutchen in Haare aufgelöst. (S. 6, Abb. 1₄.)
   a_2 Blattspreite 10—40 mm breit; grobes Gras an Ufern oder auf dem Grunde einstiger Seen . . **Schilfrohr, *Phragmites communis*** .   1

   b_2 Blattspreiten etwa 5 mm; Halm mit nur einem Halmknoten nahe der Basis, unter dem der Halm sehr hart ist (Tafel II, 7); auf Moorböden . . . . **Pfeifengras[1] *Molinia coerulea*** . .   2

b_1 Blatthäutchen von gewöhnlicher Beschaffenheit.
   a_3 Halmbasis von mehreren festen, relativ großen, gelbbleichen Scheiden ohne Spreiten umgeben; Blattspreiten 10—20 mm breit, an den Kanten rauh, mit kräftigem Kiel . . . . . **Waldschwingel, *Festuca silvatica***   3

   b_3 Halmbasis ohne derartige Scheiden.
      a_4 Blattspreitengrund mit Zahnfortsätzen (je eine mehr oder weniger gekrümmte Verlängerung nach beiden Seiten; (Tafel I, 3, 4, 5).
         a_5 Unterseite der Blätter glänzend, glatt; Scheiden und Spreiten mit deutlichen Rippen.
           a_6 Blattspreitengrund öfter mit Borstenhaaren; 20—30 Rippen.
              a_7 Blätter 8—10 mm breit, Scheiden mit deutlichen Queradern, nicht langhaarig; Uferpflanze   **Rohrschwingel, *F. arundinacea***   4

---

[1] Das unterste harte Halmglied erhält sich bis in das nächste Jahr, nachdem das obere Glied abgefallen ist. Da es infolge der harten vorjährigen Halmglieder unangenehm ist, über Moliniawiesen barfuß zu gehen, nennt man diese Halme in gewissen Gegenden Schwedens „Alte-Weiber-Nadeln".

b_7 Blätter 10—15 mm breit; Blattscheiden gewöhnlich mit langen, spärlichen Haaren; Waldpflanze **Riesenschwingel,** *F. gigantea* 5

b_6 Blattspreitengrund ohne Borstenhaare, Blattspreite mit 15—20 Rippen.

$\quad a_8$ Blätter dunkelgrün, 3—8 mm breit, mit in der Regel schwachen Zahnfortsätzen; Blatthäutchen bräunlich, 1 mm lang; Halme an der Basis von dunkelgraubraunen, bald zu Fibern aufgeritzten Scheiden umgeben . . . . . . **Wiesenschwingel,** *F. elatior* . 6

$\quad b_8$ Blätter lichtgrün oder graugrün, 3—6 mm breit, meist mit ausgezogenen Zahnfortsätzen. — Dieses Gras tritt nicht auf alten Wiesen oder Weiden auf . . . **Welsches Weidelgras,** *Lolium multiflorum* 7

b_5 Unterseite der Blätter nicht glänzend, Spreiten und namentlich Scheiden haarig, Rippen undeutlich.

$\quad a_9$ Kumaringeruch, bitterer Geschmack, Zahnfortsätze stumpf, Blattgrund violett, an der Scheidenöffnung gewöhnlich langhaarig; zeitig ährentragend (Tafel I, 5) . . . . **Gemeines Ruchgras,** *Anthoxanthum odoratum* . . . 8

$\quad b_9$ Ohne Kumaringeruch, ohne bitteren Geschmack, Zahnfortsätze spitz.

$\quad\quad a_{10}$ Blatthäutchen steif, mit undeutlichen Zähnen.

$\quad\quad\quad a_{11}$ Untere Scheiden nahezu geschlossen, mit dichten, langen Haaren. (Die Var. *ramosa* hat auch die oberen Blattscheiden langhaarig.) **Rauhhaarige Trespe,** *Festuca aspera* 9

		Nr.
b_{11} Scheiden offen, Blätter gewöhnlich gedreht, so daß die Unterseite nach oben gekehrt liegt.		
$\quad a_{12}$ Mit unterirdischen Ausläufern, Blattunterseite glatt, Blattgrund violett, Zahnfortsätze gewöhnlich lang, spitz (Tafel I, 4)	Quecke, *Triticum repens*	10
$\quad b_{12}$ Ohne unterirdische Ausläufer, Blattunterseite rauh	Hundsquecke, *T. caninum*	11
b_{10} Blatthäutchen dünn und an der Spitze gezähnelt.		
$\quad a_{13}$ Blätter weich, 4—6 mm breit	Mäusegerste, *Hordeum murinum* .	12
$\quad b_{13}$ Blätter nicht weich, 6—8 mm breit.		
$\quad\quad a_{14}$ Untere Blätter gewöhnlich glatt oder spärlich behaart . . .	Gerste, *Hordeum vulgare* und *distichum* . .	13
$\quad\quad b_{14}$ Untere Blätter kurz u. dicht behaart.		
$\quad\quad\quad a_{15}$ Zahnfortsätze mit vorstehenden Haaren	Weizen, *Triticum vulgare*	14
$\quad\quad\quad b_{15}$ Zahnfortsätze ohne vorstehende Haare, untere Scheiden gewöhnlich rötlich .	Roggen[1], *Secale cereale*	15

---

[1] Keimpflanzen, von denen man vermutet, daß sie zu den Getreidearten gehören, bestimmt man am sichersten durch Ausgraben des Getreidekornes. Zu beachten ist, daß sich der Hafer von allen anderen Getreidearten u. a. darin unterscheidet, daß seinen Blättern Zahnfortsätze fehlen und daß die unterste Scheide an der Roggenpflanze violett ist.

b_4 Blattspreitengrund ohne Zahnfortsätze.   Nr.
a_{16} Wenigstens die unteren Blattscheiden behaart.
a_{17} Alle Blattscheiden ganz geschlossen, mehr oder weniger rauh.
a_{18} Blätter ausgebreitet; Hain- oder Waldpflanzen.
a_{19} Blatthäutchen mit borstenähnlicher Spitze (S.6, Abb. 1, 5) Einblütiges Perlgras, *Melica uniflora* . . . 16

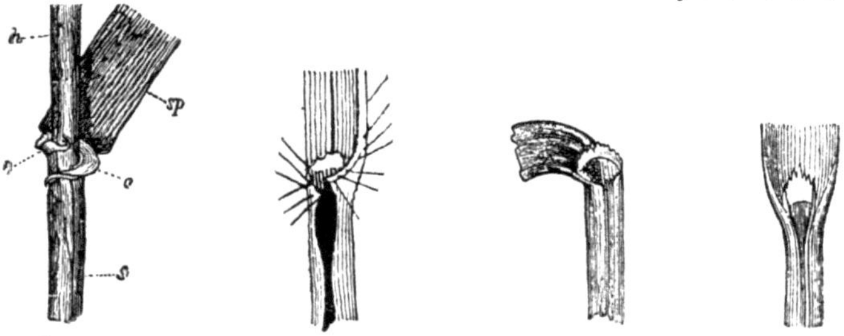

Gerste   Weizen   Roggen   Hafer

Abb. 2. Blattgrund und Blatthäutchen bei den Halmblättern der 4 Getreidearten.
h Halm *sp* Blattspreite, *o* Zahnfortsätze, *s* Scheide.

b_{19} Blatthäutchen ohne borstenähnliche Spitze . . . . . Nickendes Perlgras, *M. nutans* . 17

b_{18} Blätter zusammengerollt; Kiesbodenpflanze . . . . Wimper-Perlgras, *M. ciliata* . 18

b_{17} Blattscheiden wenigstens oben offen.
a_{20} Obere Scheiden im unteren Teile geschlossen
a_{21} Mit kriechendem Wurzelstock; grob, hochwüchsig, Blätter 5—9 mm breit . . Grannenlose Trespe, *Festuca inermis* . . . 19

b_{21} Ohne kriechenden Wurzelstock.
a_{22} Scheiden und Halme behaart.

		Nr.
a_{23} Oberste Blattscheide (gewöhnlich) glatt, alle anderen mit kurzen, abwärts gerichteten Haaren . . .	Acker-Trespe, F. arvensis . .	20
b_{23} Oberste Blattscheide kurzhaarig, alle anderen langhaarig.	Weichhaarige Trespe, F. mollis .	21
b_{22} Scheiden und Halme gewöhnlich glatt, Spreiten rauh; Ackerpflanze . .	Roggen-Trespe, F. secalina . .	22

b_{20} Obere Blattscheiden ganz offen.

a_{24} Blätter gegen die Basis schmäler werdend.		
a_{25} Blätter schlaff, dünn, mit kräftigem Kiel, dunkelgrün	Wald-Zwenke, Brachypodium silvaticum . .	23
b_{25} Blätter steif, hellgrün .	Fieder-Zwenke, B. pinnatum	24
b_{24} Blätter gegen die Basis nicht schmäler werdend.		
a_{26} Blattspreiten mit vereinzelten Haaren auf den Nerven (Tafel IV, 4) .	Goldhafer, Avena flavescens . .	25
b_{26} Blattspreiten kurz und dicht behaart (Tafel IV, 5).		
a_{27} Halme und Scheiden behaart; Blattspreiten kürzer als die Scheiden. Unterste Scheiden mit roten Nerven	Wolliges Honiggras, Holcus lanatus . . .	26

b_{27} Halme nur an den Gelenksknoten behaart; Blattspreiten länger als die Scheiden; Wurzelstock kriechend . . **Weiches Honiggras,** *H. mollis* . 27

b_{16} Blattscheiden glatt.

a_{28} Untere Scheiden geschlossen, Blattkante unten mit abwärts gerichteten Zähnen, niedrig, etwa 0,3 m hoch. **Zittergras,** *Briza media* 28

b_{28} Scheiden offen; hochwüchsige Arten.

a_{29} Mit deutlichen Rippen auf den Blattspreiten.

a_{30} Blätter steif, gegen die Basis schmäler werdend (*Calamagrostis*-Arten)[1]

a_{31} Blatthäutchen höchstens 5 mm.

a_{32} Blatthäutchen 2 bis 3 mm, Halm ohne Zweige.

a_{33} Blätter 2 bis 4 mm breit, auf der Oberseite dicht kleinborstig; Sumpfpflanze . . . . **Vernachlässigtes Schilf,** *C. neglecta* 29

b_{33} Blätter 4 bis 7 mm breit, auf der Oberseite kurzhaarig, Waldpflanze . . **Gemeines Schilf,** *C. arundinacea* . . 30

---

[1] Infolge des Reichtums an Varietäten und Hybriden in dieser Gattung sind die *Calamagrostis*-Arten im vegetativen Stadium unmöglich mit Sicherheit zu bestimmen. Hier wird ein Versuch mitgeteilt, in diesem Stadium einige von den häufigsten Arten zu bestimmen, die auf natürlichen Weiden verschiedener Art vorkommen können.

2*

		Nr.
	b_{32} Blatthäutchen 3 bis 5 mm, Halme verzweigt; Moorpflanze	**Lanzettliches Schilf,** *C. lanceolata* 31
	b_{31} Blatthäutchen 5 bis 10 mm, mehr oder weniger zipfelig.	
	a_{34} Blätter etwas schlaff, Blattnerven ohne längere Haare auf der Oberseite, Halmgelenke 5—7; Waldpflanze auf mehr oder weniger versumpftem Boden	*C. purpurea* 32
	b_{34} Blätter steif, gegen die Spitze eingerollt, graugrün, an der Kante sehr rauh, Halmgelenke 3—4; Sanderdepflanze	**Landschilf,** *C. epigejos*. 33
b_{30}	Blätter gegen die Basis nicht schmäler werdend.	
	a_{35} Blätter unten glänzend, mit deutlichem Kiel: Rohrschwingel (4), Riesenschwingel (5), Wiesenschwingel (6), welsches Weidelgras (7)[1].	
	b_{35} Blätter unten nicht stark glänzend, Kiel undeutlich.	
	a_{36} Blatthäutchen steif, abgerundet oder stumpf.	
	a_{37} Völlig entwikkelte Blätter mit platten, niedrigen Rippen, etwa 6—8 mm breit	**Wiesenfuchsschwanz**[2], *Alopecurus pratensis* . 34a

---

[1] Bei diesen 4 Arten können die Zahnfortsätze undeutlich entwickelt sein.

[2] Der verwandte Rohrfuchsschwanz, 34 b, *Alopecurus ventricosus*, hat eine graugrüne Farbe.

b_{37} Völlig entwikkelte Blätter mit hohen Rippen, Blätter etwa 3 bis 5 mm breit. **Ackerfuchsschwanz,** *A. agrestis.* 35

b_{36} Blatthäutchen dünn, spitz oder deutlich gezähnt, ganze Blattoberseite rauh.

a_{38} Rippen hoch, scharf (Tafel II, 8), Scheiden aufgeblasen, Blatthäutchen haarig **Geknickter Fuchsschwanz**[1], *A. geniculatus* 36a

b_{38} Rippen niedrig, platt.

a_{39} Blatthäutchen lang, 2—5 mm, mit abgerundeter Spitze; lange Aus-Ausläufer . **Weißes Straußgras (Fioringras)** *Agrostis stolonifera* .. 37

b_{39} Blatthäutchen kurz, etwa 1 mm; Ausläufer fehlen .. **Rotes Straußgras,** *A. tenuis* 38

NB. Hunds-Straußgras, *Agrostis canina*, kann mitunter platte Blätter haben; die Blätter der Blatttriebe sind jedoch schmal, beinahe fadenähnlich, etwa 1 mm dick.

---

[1] Der verwandte rotgelbe Fuchsschwanz, 36 b, *A. fulvus*, hat bläuliche Scheiden.

b_{29} Mit undeutlichen Rippen auf den Blattspreiten (vgl. die Agrostis-Arten, die oft undeutliche Rippen haben).

a_{40} Querverbindungen zwischen den Adern in den Scheiden bei durchfallendem Lichte sichtbar.

a_{41} Niedrig, mit Kumaringeruch, Halme weich, Gelenke von den Scheiden verborgen . . . . **Wohlriechendes Mariengras,** *Hierochloa odorata* . . 39

b_{41} Hochwüchsig, geruchlos, Halme steif, grob, Blätter mit weißem Blattkiel, Blatthäutchen milchweiß; an Ufern häufig (Tafel II, 10) . . . . **Rohrglanzgras,** *Phalaris arundinacea* 40

b_{40} Querverbindungen zwischen den Nerven in den Scheiden fehlen.

a_{42} Blatthäutchen auf der Rückenseite glatt.

a_{43} Blätter gegen die Basis deutlich schmäler werdend; deutlicher Blattkiel, Blatthäutchen lang, 5—7 mm, zerteilt . . . . . . **Flattergras,** *Milium effusum* 41

b_{43} Blätter gegen die Basis nicht schmäler werdend.

a_{44} Halmbasis zwiebelförmig, Scheiden nicht aufgeblasen, Blätter rein grün,

		Nr.
	Blatthäutchen milchweiß, durchsichtig, feingezähnt, 3 bis 5 mm; die Scheidenkanten finden oben oft ihre Verlängerung in einem von dem eigentlichen Blatthäutchen mehr oder weniger deutlich getrennten Zahn auf jeder Seite der Blattgrund (Lupe!)	Timothee, *Phleum pratense* . 42
b_{44}	Halmbasis nicht zwiebelförmig, obere Scheiden etwas erweitert, Blätter graugrün, Blatthäutchen quer abgeschnitten, 2—3 mm . . .	Glanzlieschgras, *Phl. Boehmeri* . . . 43
b_{42}	Blatthäutchen auf der Rückenseite feinhaarig.	
a_{45}	Blätter kräftig, obere Blätter 12 bis 20 mm breit . . .	gew. Hafer[1], *Avena sativa* . . 44
b_{45}	Blätter mittelkräftig, obere Blätter 6 bis 12 mm breit, gelbgrün (S. 6, Abbild. 1, 3)	Glatthafer *A. elatior* . 45

---

[1] Über Keimpflanzen der Getreidearten s. Fußnote S. 16.

II. **Blattspreiten mit in der Knospenlage gefalteten Blatthälften oder mit borstenähnlichen, gefurchten ,,Wurzelblättern".**

Nr.

a_1 Blatthäutchen in lange Wollhaare aufgelöst, Scheiden und Spreiten langhaarig, blaugrün . **Dreizahn,** *Sieglingia decumbens* . 46

b_1 Blatthäutchen von gewöhnlicher Beschaffenheit.

a_2 Blätter ohne Rippen auf der Oberseite.

a_3 Blätter in entwickeltem Zustande platt.

a_4 Sämtliche Blattscheiden ganz geschlossen, wenigstens im ersten Stadium.

a_5 Blätter allmählich zugespitzt, Blattkanten rauh, deutlicher Blattkiel.

a_6 Blätter 5—8 mm breit, lang, mit tiefer Furche über dem Mittelnerv, Triebe platt, 2—7 mm breit (Tafel IV) . . . . **Knaulgras,** *Dactylis glomerata* . 47

b_6 Blätter 1,5—3 mm breit, bläulich; untere Blätter zahlreich, 5—12 cm, wenige Halmblätter, 1—2 cm lang; niedrig; zeitige Blüte . . . . **Blaues Gilzgras,** *Sesleria coerulea* 48

b_5 Blätter mit stumpfer Spitze (Tafel III, 6).

a_7 Blätter mit zahlreichen Luftgängen (sichtbar mit guter Lupe bei Querschnitt durch das Blatt).

a_8 Blätter 10—25 mm breit; Scheiden oben mit 2 gelbbraunen Flecken, Quernerven in den Blattscheiden und Blattspreiten, Blatthäutchen 2—3 mm, hohes Wassergras (Tafel III) **Wasserschwaden**[1], *Glyceria aquatica* . . 49a

b_8 Blätter 4—5 mm breit, ohne Quernerven; niedriges Wassergras mit stark verzweigtem

---

[1] Schwingelschilf, 49b, *Scolochloa festucacea*, ähnelt dem Wasserschwaden, mit welchem es oft zusammen auftritt. Es hat aber längere Blatthäutchen und die gelbbraunen Blattscheideflecken mangeln.

Wurzelstock und knieförmig gebogenem Halm (Tafel III, 13) . . . . Wasser-Quellgras, *Catabrosa aquatica* . . 50

b_7 Blätter ohne Luftgänge, keine oder nur wenige Quernerven.
a_9 Scheiden im ersten Stadium bis zur Spreite geschlossen, weichhaarig, Spreite rein grün und weich.
a_{10} Blattspreiten 8—10 cm lang, 5—8 mm breit, rein grün, Blatthäutchen 4 bis 6 mm, spitz, Scheiden glatt, weichhaarig . . . Weichhaariger Hafer, *Avena pubescens* . 51

b_{10} Blattspreiten 15—20 cm lang, langspitz, 3—5 mm breit, hellgrün, Blatthäutchen kurz, quer abgeschnitten . . . . . . Aufrechte Trespe, *Festuca erecta* . . 52

b_9 Scheiden zeitig offen, rauh, Blätter mit bläulicher Oberseite, deutlicher Blattkiel (Tafel II, 9) . . . . Wiesen-Hafer, *Avena pratensis* . 53

b_4 Scheiden ganz oder teilweise offen.
a_{11} Blatttriebe von grauweißen Scheiden umgeben, die zu einem zwiebelförmigen Gebilde angehäuft sind, wenige kurze Stengelblätter, 3 bis 5 cm, stumpf, mit schräger Spitze, blaugrün, mit langem Blatthäutchen . . . . Alpenrispengras, *Poa alpina* . . 54

b_{11} Ohne weiße Scheiden auf den Blatttrieben, Blätter ohne schräge Spitze.

a_{12} Blatthäutchen kurz, quer abgeschnitten.
a_{13} Lichte Streifen längs des Mittelnervs die ganze Blattscheibe entlang.
a_{14} Ohne unterirdische Ausläufer. Hochwüchsiges Gras. Blätter 8 bis 10 mm breit, das oberste 10—20 cm lang, Scheiden rauh . . . . Schlaffes Rispengras[1], *Poa remota* . . . 55a

b_{14} Mit unterirdischen Ausläufern.
a_{15} Blatthäutchen ungefähr so lang wie der Blattgrund, zart, etwas abgerundet. Halm unten knieförmig gebogen, die Blattknoten zusammengedrückt, Halmblätter spärlich, 2—3 mm breit, Scheiden länger als die Spreiten . . . . Zusammengedrücktes Rispengras, *P. compressa* 56

b_{15} Blatthäutchen sehr kurz, oft kaum bemerkbar. Blattspreite linealisch, die Spitze breit und kapuzenförmig zusammengezogen.
a_{16} Ausläufer mit zahlreichen, kurzen, rohrförmigen, niedri-

---

[1] Schlaffes Rispengras hat die Scheide mitunter ganz geschlossen. Var. Waldrispengras, *Poa chaixii*, 55 b, hat etwas breitere Blätter, an der Spitze haubenähnlich zusammengezogen, das oberste etwa 5, höchstens 10 cm lang,

		Nr.
	gen Blättchen, obere Blattfläche bläulich	
		P. humilis[1] 57
b_{16}	Ausläufer ohne derartige niedrige Blättchen, obere Blattfläche grün . .	Wiesenrispengras[2], *P. pratensis* 58
b_{13}	Lichte Streifen längs des Mittelnervs nur in der Nähe der Blattspitze. Scheiden kürzer als die Zwischenglieder des Halmes	Hainrispengras, *P. nemoralis* . 59
b_{12}	Blatthäutchen lang, zugespitzt oder abgerundet.	
a_{17}	Lichte Streifen längs des Mittelnervs die ganze Blattscheibe entlang.	
a_{18}	Mit oberirdischen Ausläufern, Scheiden rauh. Blattspreiten unterseits stark glänzend. Blatthäutchen zugespitzt . .	Gemeines Rispengras, *P. trivialis* 60
b_{18}	Ohne Ausläufer. Blätter nicht besonders glänzend, hellgrün. Blatthäutchen kragenförmig, abgerundet. Halm unterhalb der Mitte beblättert, einjährig, aber überwinternd	Jähriges Rispengras, *P. annua* . 61
b_{17}	Lichte Streifen längs des Mittelnervs nur in der Nähe	

---

[1] Diese Art dürfte der von Professor LINDMAN aufgestellten Art *Poa irrigata* entsprechen, die er Moorrispengras nennt.

[2] Eine Varietät mit nahezu fadenschmalen Blättern auf magerer ist *Poa angustifolia*.

der Blattspitze. Die Scheiden bedecken die Zwischenglieder des Halmes . . . . **Sumpf-Rispengras,** *P. palustris* 62

b_3 Wenigstens die Wurzelblätter im entwickelten Zustande borstenähnlich oder fadenschmal, mit einer mehr oder weniger tiefen Furche auf der Oberseite (Lupe!).

a_{19} Blätter solid, mit undeutlicher Furche, überall gleich dick, Querschnitt rundlich-herzförmig, 5—6kantig (Tafel II, 1) . . . . **Geschlängelte Schmiele,** *Aira flexuosa* . 63

b_{19} Blätter mit deutlicher Furche, Querschnitt durch das Blatt oval.

a_{20} Blatthäutchen sehr kurz.

a_{21} Blattspreite im Querschnitt mit 5 stärkeren und 2 feineren Nerven (Tafel I, 2b); Stengelblätter platt . . . . **Rotschwingel,** *Festuca rubra* . . . 64

b_{21} Blattspreite im Querschnitt mit 3 kräftigeren und 4 feineren Nerven (Tafel I, 2a), Blätter haarfein, etwa 0,5 mm im Durchmesser . . . . **Schafschwingel**[1], *F. ovina* . . 65

b_{20} Blatthäutchen ausgezogen, spitz; Blätter

a_{22} mit spitzen, aufrechten Warzen; graugrün, mit Horst (Tafel II, 6) . . . . **Silbergras,** *Corynephorus canescens* 66

b_{22} ohne aufwärts gerichtete Warzen.

---

[1] Borstenschwingel, *F. duriuscula*, ist eine dunkelgrüne Var. mit etwa 1 mm dicken Blättern. Die Abart *F. polesica* hat pergamentartige, gelbliche Basalscheiden.

a_{23} Mit dichtem Horst, mit gespreizten, steifen, rauhen Blättern und weißer, auf der Innenseite gefurchter, geschwollener Blattgrund (Tafel I, 2c) Steifes Borstengras, *Nardus stricta* . . 67

b_{23} Mit dünnem Horst, zart, Stengelblätter platt oder gefaltet, etwa 2 mm, Basalblätter fast fadenähnlich, etwa 1 mm dick . Hundstraußgras, *Agrostis canina* 68

b_2 Blätter mit deutlichen Rippen auf der Oberseite.

a_{24} Mit Quernerven in Scheiden und Spreiten sowie großen Luftgängen (Tafel III, 7, 9, 10) . . . . Mannagras[1], *Glyceria fluitans* . . 69a

b_{24} Ohne Quernerven und Luftgänge.

a_{25} In durchfallendem Lichte sind weiße oder hellgrüne, längsgerichtete Linien zwischen den Rippen zu sehen.

a_{26} Rippen hoch, scharf, mit kurzen, rauhen Haaren (Tafel II, 3, 4, 5). Rasenschmiele[2], *Aira caespitosa* . 70a

b_{26} Rippen niedrig, platt, wenig rauh, Blätter an der Spitze haubenähnlich zusammengezogen (Tafel III, 11, 12) . . . . . . Salzschwaden, *Glyceria distans* 71

b_{25} Ohne weiße, längsgerichtete Linien zwischen den Rippen.

a_{27} Rippen der Blattspreite von verschiedener Form, teils platt, teils

---

[1] Faltiger Schwaden, 69 b, *Glyceria plicata*, ist im blütenlosen Zustande nicht von Mannagras zu unterscheiden.
[2] Ostseeschmiele, 70 b, *Aira bottnica*, hat wenig rauhe Blätter. Uferpflanze.

gekielt; Blätter blaugrau, kurzhaarig (Tafel II, 2) . . . . . . **Meergrünes Schillergras,** *Koeleria glauca* 72

b_{27} Rippen der Blattspreite gleichförmig, Blätter grün.

a_{28} Blattspreiten steif und derb. Die jüngsten Blätter borstenförmig oder borstenartig eingerollt. Rotschwingelformen (Siehe Nr. 64).

b_{28} Die Blattspreiten weich und dünn.

a_{29} Untere Blattscheiden mehr oder weniger violett, Blätter gewöhnlich 3—6 mm breit, oft zu sichelförmig gekrümmten Zahnfortsätzen ausgezogen, Blatthäutchen 1 mm lang; zu beiden Seiten des Mittelnervs des Blattes eine tiefe Furche, die sich bis zur Blattspitze erstreckt. Bastzellen erfüllen den ganzen Zwischenraum zwischen jedem Blattnerv und der Haut sowohl auf der Ober- als auf der Unterseite des Blattes. NB. Bei Betrachtung von Querschnitten ist eine Lupe zu verwenden (Tafel II, 11) . . . . . . **Deutsches Weidelgras,** *Lolium perenne* . . 73

b_{29} Untere Blattscheiden blaßgelb, Blätter 1—3 mm breit, gewöhnlich ohne Zahnfortsätzen, Blatthäutchen kaum 1 mm; die Blattadern sind vollkommen von grünem Gewebe umschlossen; die Bastzellen liegen dicht an der Haut zu bei-

	Nr.
den Seiten der Blattadern. NB. Zur Betrachtung von Querschnitten Lupe erforderlich . . . . Kammgras, Cynosurus cristatus . .	74

Bestimmungstabelle für Hülsenfrüchte im blütenlosen Zustande.

I. Blätter paarig.   Nr.
a_1 Ohne Endblättchen (Tafel V).
a_2 Mit langen, verzweigten Ranken.
a_3 Blättchen federnervig (Lupe!). Siehe Fußnote 2.
a_4 Blätter 2—5 paarig.
a_5 Blättchen 10—15 mm lang.
a_6 Blättchen umgekehrt eiförmig, quer abgeschnitten, ausgekerbt, mit Stachelspitze, etwa 5 mm breit, die oberen lanzettähnlich Schmalblättrige Wicke[1] *Vicia angustifolia* . 75

b_6 Blättchen nahezu gleichbreit, nicht quer abgeschnitten, etwa 3 mm breit . . . . Viersamige Wicke, *V. tetrasperma* 76

b_5 Blättchen etwa 3 mm lang und 2 mm breit, eirund, mit behaarten Kanten . . . . Heckenwicke *V. dumetorum* . . . 77

b_4 Blätter 4—12 paarig.
a_7 Blätter 8—12 paarig, mit länglichen, spitzen Blättchen.
a_8 Stengel wenig verzweigt, schlaff.
a_9 Stengel lang wollhaarig . . Zottelwicke, *V. villosa* . 78

b_9 Stengel fein behaart (Tafel V, 1) . . . . Vogelwicke[2], *V. cracca* . 79

---

[1] Var. *Bobartii* hat 1—2 paarige untere Blätter.
[2] Eine seltene schmalblättrige Varietät, *Vicia tenuifolia*, der Vogelwicke mit bis zu 15 paarigen Blättern hat verdicht bogennervige Blättchen.

		Nr.
b_8 Stengel stark verzweigt, steif	Kassubische Wicke, *V. cassubica*	80
b_7 Blätter 4—8 paarig, mit an der Spitze quer abgeschnittenen Blättchen.		
a_{10} Blättchen nahezu gleichbreit, 15—20 mm lang, 3—5 mm breit; mit Stachelspitze	Zitterlinse, *V. hirsuta*	81
b_{10} Blättchen eirund oder verkehrt eirund.		
a_{11} Blättchen eirund ohne Stachelspitze.		
a_{12} Nebenblätter nahezu pfeilähnlich, gezahnt, Blättchen haarig (Lupe!)	Zaunwicke, *V. sepium*	82
b_{12} Nebenblätter halbmondförmig, zipfelig, Blättchen glatt	Waldwicke, *V. silvatica*	83
b_{11} Blättchen verkehrt-eiförmig, ausgerandet mit Stachelspitze	Futterwicke, *V. sativa*	84
b_3 Blättchen bogennervig (Tafel V, 3), Blätter 1—3 paarig.		
a_{13} Nebenblätter ungefähr gleichgroß wie die Blättchen	Wiesenplatterbse, *Lathyrus pratensis*	85
b_{13} Nebenblätter kleiner als die Blättchen.		
a_{14} Blätter 2—3 paarig, Blattstiel nicht geflügelt (Tafel V, 4)	Sumpfplatterbse, *L. palustris*	86
b_{14} Blätter 1 paarig, Blattstiel geflügelt; Blättchen 1—2 dm lang	Waldplatterbse, *L. silvestris*[1]	87
b_2 Mit kurzer, fadenähnlicher Spitze über dem obersten Blättchen oder mit kurzer, unverzweigter Ranke.		

---

[1] Die Abart Verschiedenblättrige Platterbse, *L. heterophyllus*, hat 2 paarige *obere* Blätter.

a_{15} Stengel geflügelt . . . . Bergplatt- Nr.
erbse, *Oro-
bus tuberosus* 88
b_{15} Stengel nicht geflügelt.
   a_{16} Blätter 4—7 paarig, Blättchen etwa
      1 cm breit . . . . Schwarze
Platterbse
O. niger . . 89
   b_{16} Blätter 2—4 paarig.
      a_{17} Stengel glatt, unverzweigt, aufrecht, Blättchen 2—3 cm breit,
zeitige Blüte . . . . Frühlings-
platterbse,
O. vernus . 90
      b_{17} Stengel behaart, an der Basis
stark verzweigt, liegend, Blättchen 6—12 mm breit . . . . . Kleine
Wicke, *Vicia lathyroides* . . 91
b_1 Mit Endblättchen (Tafel VI).
   a_{18} Glattes, grobes Kraut mit etwa 4 cm langen
Kleinblättern, 2 cm langen Nebenblättern,
3—7 paarigen Blättern . . . . Bärenschote,
*Astragalus
glycyphyllus* 92
   b_{18} Haarige Kräuter
      a_{19} Mit 6—12 paarigen Blättern.
         a_{20} Stengel aufrecht.
            a_{21} Stengel mit Blättern, Nebenblätter krautartig . . . . . . Behaarte
Fahnenwicke, *Oxytropis pilosa* 93
            b_{21} Stengel blattlos, Nebenblätter
häutchenartig . . . . *O. campestris* 94
         b_{20} Stengel liegend, mit etwa 5 mm
langen Blättchen (Tafel VI, 1) . . Mäusewicke[1]
*Ornithopus
perpusillus* 95a
      b_{19} Blätter geringpaarig.
         a_{22} Endblättchen größer als die Fiederblättchen (Tafel VI, 2) . . . . . . Wundklee,
*Anthyllis
vulneraria* 96

---

[1] Die verwandte, zu Gründüngung geeignete, kultivierte Serradella, 95 b, *Ornithopus sativus*, ist gröber und hat 12—18 paarige Blätter.

b_{22} Endblättchen nicht größer als die Fiederblättchen.

    a_{23} Wurzelstock ohne Ausläufer, Stengel markig . . . . Gemeiner Hornklee[1], *Lotus corniculatus* . . 97a

    b_{23} Wurzelstock mit Ausläufern, Stengel hohl . . . . Sumpfhornklee, *L. uliginosus*. . 98

II. **Blätter 3zählig**[2] (Tafel VII).

a_1 Stengel mit Dornen.

    a_2 Stengel ein- oder zweireihig behaart, Wurzelstock ohne Ausläufer . . . . Dornige Hauhechel, *Ononis spinosa* . . . 99

    b_2 Stengel ringsum behaart, Wurzelstock mit Ausläufern . . . . Kriechende Hauhechel, *O. repens* . 100

b_1 Stengel ohne Dornen.

    a_3 Wohlriechend, hochwüchsig, Blättchen dicht stachelspitzig gesägt, etwa 4 cm lang, Nebenblätter zipfelig gezähnt . . . . Gezähnter Steinklee[3], *Melilotus dentatus* . 101a

    b_3 Nicht wohlriechend.

        a_4 Klebrig behaart, übelriechend . . . . . Bockshauhechel, *Ononis arvensis* . . 102

---

[1] Der in Schweden vorkommende, seltene *Lotus tenuifolius*, 97 b, unterscheidet sich durch schmale, lanzettförmige Fliederblättchen.

[2] Die Blätter der *Lotus*-Arten erinnern an 3zählige Blätter; sie haben keine Nebenblätter.

[3] Andere, gleichfalls wohlriechende *Melilotus*-Arten, die ganzrandige Nebenblätter haben, kommen hauptsächlich auf Schiffslastplätzen vor. Der weiße Steinklee, 101 b, *Melilotus albus*, der sich mit magerer Erde begnügt und gegen Dürre sehr widerstandsfähig ist, hat in der letzten Zeit in einzelnen Gebieten der Vereinigten Staaten große Bedeutung erlangt. Als Grünfutter infolge Gehalts an Kumaringift ungeeignet.

b_4 Nicht klebrig behaarte, geruchlose Kräuter.

    a_5 Blättchen mehr oder weniger länglichkeilig (Tafel VII, 4).

        a_6 Endblättchen gestielt.

            a_7 Stengel kantig, Blättchen 1,5 bis 2 cm lang . . . . Schneckenklee (Luzerne), *Medicago sativa* . . . 103

            b_7 Stengel nahezu rund, Blättchen etwa 1 cm . . . . Sichelklee, *M. falcata* . 104

        b_6 Endblättchen ungestielt; dicht behaartes Kraut . . . . Hasenklee, *Trifolium arvense* . . 105

    b_5 Blättchen lanzettlich oder abgerundet.

        a_8 Blättchen wenigstens an den Kanten behaart.

            a_9 Blättchen lanzettlich (Tafel VII, 2).

                a_{10} Blättchen mit verdickten Nerven, an den Rändern scharf klein gesägt . . . . Weißer Bergklee, *T. montanum* . . 106

                b_{10} Blättchen ohne verdickte Nerven, an den Rändern meist sehr fein, nicht aber scharf gezähnelt . . . . . Mittlerer Klee, *T. medium* . . 107

        b_9 Blättchen oval oder eirund.

            a_{10} Alle Blättchen nahezu ungestielt.

                a_{12} Seitennerven der Blättchen verzweigt, Nebenblätter häutchenartig, Blättchen mit gewöhnlich winkelförmigem, weißem Fleck (Tafel VII, 1) . Rotklee[1], *T. pratense* 108

---

[1] Europäischer Rotklee hat einen zusammengedrückten haarigen, amerikanischer einen gespreizten behaarten Stengel.

b_{12} Seitennerven der Blättchen einfach, Nebenblätter krautartig, weiß gewimpert . . . . . . Brauner Klee, T. spadiceum . 109

b_{11} Endblättchen gestielt, Stengel gewöhnlich liegend (Tafel VI, 4) . . . . Gemeiner Schneckenklee (Gelbklee), Medicago lupulina . . . 110

b_8 Blättchen fast glatt oder nur auf dem Mittelnerv behaart.

a_{13} Stengel wurzelschlagend, liegend.

a_{14} Blättchen unten ganz glatt, glänzend, auf der Oberseite mit bogenförmigem weißem Fleck (Tafel VII, 3) . . . Weißklee, Trifolium repens . . 111

b_{14} Blättchen auf dem Mittelnerv auf der Unterseite behaart . . . . Erdbeerklee, T. fragiferum . . . 112

b_{13} Stengel aufrecht.

a_{15} Seitennerven der Blättchen verzweigt . . . . Schwedischer Klee, T. hybridum 113

b_{15} Seitennerven der Blättchen nahezu einfach.

a_{16} Endblättchen deutlich gestielt, Nebenblätter eirund . . . . . . Liegender Klee, T. procumbens 114

b_{16} Endblättchen beinahe ungestielt, Nebenblätter lanzettlich . . . . Goldklee, T. agrarium . 115

Verzeichnis der deutschen Namen.
(Die Ziffern beziehen sich auf die Nummern.)

Ackerfuchsschwanz 35.
Acker-Trespe 20.
Alpenrispengras 54.
Aufrechte Trespe 52.
Bärenschote 92.
Behaarte Fahnenwicke 93.
Bergplatterbse 88.
Blaues Gilzgras 48.
Bockshauhechel 102.
Borstenschwingel 65. Fußn.
Brauner Klee 109.
Deutsches Weidelgras 73.
Dornige Hauhechel 99.
Dreizahn 46.
Einblütiges Perlgras 16.
Erdbeerklee 112.
Faltiger Schwaden 69b.
Fiederzwenke 24.
Fioringras 37.
Flattergras 41.
Frühlingsplatterbse 90.
Futterwicke 84.
Geknieter Fuchsschwanz 36a.
Gelbklee 110.
Gemeiner Hafer 44.
Gemeiner Hornklee 97a.
Gemeines Rispengras 60.
Gemeines Ruchgras 8.
Gemeines Schilf 30.
Gemeiner Schneckenklee 110.
Gerste 13.
Geschlängelte Schmiele 63.
Gezähnter Steinklee 101a.
Glanzlieschgras 43.
Glatthafer 45.
Goldhafer 25.
Goldklee 115.
Grannenlose Trespe 19.
Hainrispengras 59.

Hasenklee 105.
Heckenwicke 77.
Hundsquecke 11.
Hundstraußgras 38 NB. und 68.
Jähriges Rispengras 61.
Kammgras 74.
Kassubische Wicke 80.
Kleine Wicke 91.
Knaulgras 47.
Kriechende Hauhechel 100.
Landschilf 33.
Lanzettliches Schilf 31.
Liegender Klee 114.
Luzerne 103.
Mannagras 69a.
Mäusegerste 12.
Mäusewicke 95.
Meergrünes Schillergras 72.
Mittlerer Klee 107.
Nickendes Perlgras 17.
Ostseeschmiele 70b.
Pfeifengras 2.
Quecke 10.
Rasenschmiele 70a.
Rauhaarige Trespe 9.
Riesenschwingel 5.
Roggen 15.
Roggentrespe 22.
Rohrfuchsschwanz 34b.
Rohrglanzgras 40.
Rohrschwingel 4.
Rotes Straußgras 38.
Rotgelber Fuchsschwanz 36b.
Rotklee 108.
Rotschwingel 64.
Salzschwaden 71.
Schafschwingel 65.
Schilfrohr 1.
Schlaffes Rispengras 55a.

Schmalblättrige Wicke 75.
Schneckenklee 103.
Schwarze Platterbse 89.
Schwedischer Klee 113.
Schwingelschilf 49 b.
Serradella 95 b.
Sichelklee 104.
Silbergras 66.
Steifes Borstengras 67.
Sumpfhornklee 98.
Sumpfplatterbse 88.
Sumpfrispengras 62.
Timothee 42.
Vernachlässigtes Schilf 29.
Verschiedenblättrige Platterbse 87. Fußn.
Viersamige Wicke 76.
Vogelwicke 79.
Waldplatterbse 87.
Waldrispengras 55 b.
Waldschwingel 3.
Waldwicke 83.
Waldzwenke 23.
Wasserquellgras 50.
Wasserschwaden 49 a.

Weiches Honiggras 27.
Weichhaariger Hafer 51.
Weichhaarige Trespe 21.
Weißer Bergklee 106.
Weißer Steinklee 101 b.
Weißes Straußgras 37.
Weißklee 111.
Weizen 14.
Welsches Weidelgras 7.
Wiesenfuchsschwanz 34 a.
Wiesenhafer 53.
Wiesenplatterbse 85.
Wiesenrispengras 58.
Wiesenschwingel 6.
Wimperperlgras 18.
Wohlriechendes Mariengras 39.
Wolliges Honiggras 26.
Wundklee 96.
Zaunwicke 82.
Zittergras 28.
Zitterlinse 81.
Zottelwicke 78.
Zusammengedrücktes Rispengras 56.

Verzeichnis der lateinischen Namen.
(Die Ziffern beziehen sich auf die Nummern.)

Agrostis canina 38 *NB*. und 68.
— *stolonifera* (syn. *alba*) 37.
— *tenuis* (syn. *vulgaris*) 38.
Aira caespitosa 70 a.
— *bottnica* 70 b.
— *flexuosa* 63.
Alopecurus agrestis 35.
— *geniculatus* 36 a.
— *fulvus* 36 b.
— *pratensis* 34 a.
— *ventricosus* 34 b.
Anthoxanthum odoratum 8.
Anthyllis vulneraria 96.
Astragalus glycyphyllus 92.
Avena elatior 45.
— *flavescens* 25.
— *pratensis* 53.
— *pubescens* 51.
— *sativa* 44.
Baldingera: Phalaris 40.
Brachypodium pinnatum 24.
— *silvaticum* 23.
Briza media 28.
Bromus: Festuca 9, 19, 20, 21, 22, 52.
Calamagrostis arundinacea 30.
— *epigeios* 33.
— *lanceolata* 31.
— *neglecta* (syn. *stricta*) 29.
— *purpurea* 32.
Catabrosa aquatica 50.
Corynephorus canescens 66.
Cynosurus cristatus 74.
Dactylis glomerata 47.
Festuca arundinacea 4.
— *arvensis* 20.
— *aspera* 9.
— *duriuscula* 65. Fußnote.
— *elatior* 6.

Festuca erecta 52.
— *gigantea* 5.
— *inermis* 19.
— *mollis* 21.
— *ovina* 65.
— *polesica* 65. Fußnote.
— *rubra* 64.
— *secalina* 22.
— *silvatica* 3.
Glyceria aquatica 49 a.
— *distans* 71.
— *fluitans* 69 a.
— *plicata* 69 b.
Hierochloa odorata 39.
Holcus lanatus 26.
— *mollis* 27.
Hordeum distichum 13.
— *murinum* 12.
— *vulgare* 13.
Koeleria glauca 72.
Lathyrus heterophyllus 87. Fußnote.
— *palustris* 86.
— *pratensis* 85.
— *silvestris* 87.
Lolium perenne 73.
— *multiflorum* 7.
Lotus corniculatus 97 a.
— *tenuifolius* 97 b.
— *uliginosus* 98.
Medicago falcata 104.
— *lupulina* 110.
— *sativa* 103.
Melica ciliata 18.
— *nutans* 17.
— *uniflora* 16.
Melilotus albus 101 b.
— *dentatus* 101 a.
Milium effusum 41.

Molinia coerulea 2.
Nardus stricta 67.
Ononis arvensis 102.
— *repens* 100.
Ononis spinosa 99.
Ornithopus perpusillus 95a.
— *sativus* 95b.
Orobus niger 89.
— *tuberosus* 88.
— *vernus* 90.
Oxytropis campestris 94.
Oxytropis pilosa 93.
Phalaris arundinacea 40.
Phleum Boehmeri 43.
— *pratense* 42.
Phragmites communis 1.
Poa alpina 54.
— *angustifolia* 58. Fußnote.
— *annua* 61.
— *chaixii* 55b.
— *compressa* 56.
— *humilis* (syn. *irrigata*) 57. Fußnote.
— *nemoralis* 59.
— *palustris* (syn. *serotina*) 62.
— *pratensis* 58.
— *remota* (syn. *hybrida; sudetica*) 55a.
— *trivialis* 60.
Scolochloa festucacea 49b. Se not.
Secale cereale 15.

Sesleria coerulea 48.
Sieglingia decumbens 46.
Trifolium agrarium 115.
— *arvense* 105.
— *fragiferum* 112.
— *hybridum* 113.
— *medium* 107.
— *montanum* 106.
— *pratense* 108.
— *procumbens* 114.
— *repens* 111.
— *spadiceum* 109.
Trisetum: Avena 25.
Triticum caninum 11.
— *repens* 10.
— *vulgare* 14.
Vicia angustifolia 75.
— — Var. *Bobartii* 75. Fußnote.
— *cassubica* 80.
— *cracca* 79.
— *dumetorum* 77.
— *hirsuta* 81.
— *lathyroides* 91.
— *sativa* 84.
— *sepium* 82.
— *silvatica* 83.
— *tenuifolia.* 79. Fußnote.
— *tetrasperma* 76.
— *villosa* 78.
Weingaertneria: Corynephorus 66.

Tafel I.

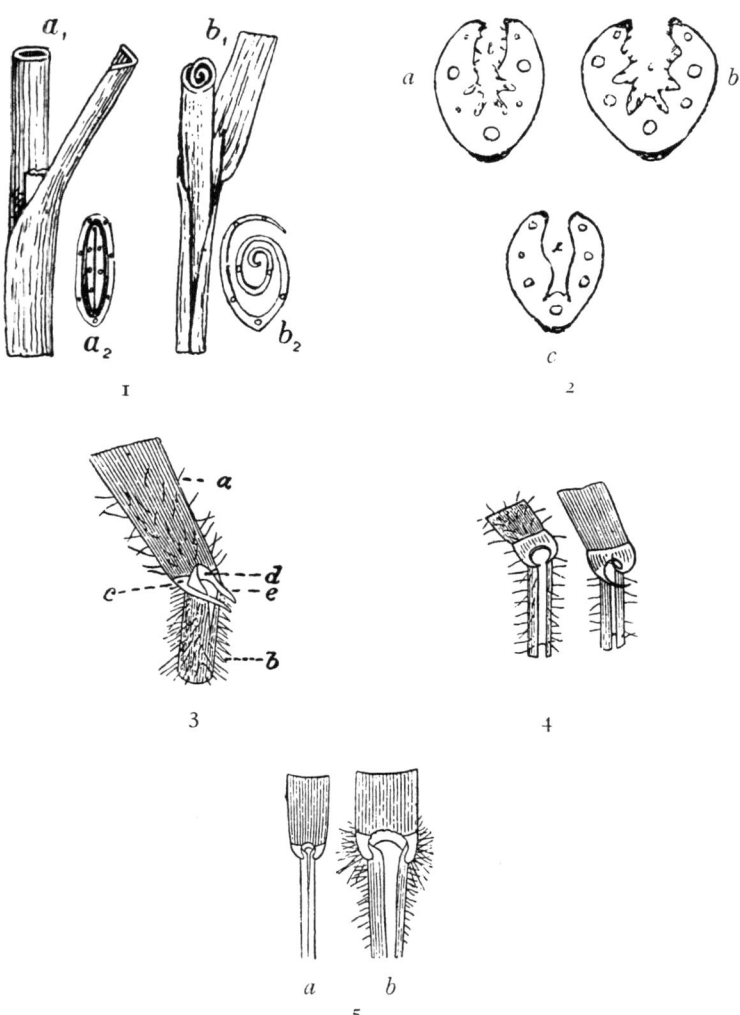

Ia₁. Teil des Halmes, der Scheide und des Blattes mit gefalteter Spreite, a₂ Querschnitt durch das Blatt in der Knospenlage. Ib₁. Teil des Halmes und Blattes mit offener Scheide, b₂ Querschnitt durch das Blatt in der Knospenlage, die eingerollt ist. 2. Querschnitt durch ein fadenschmales Blatt von Schafschwingel (a), von Rotschwingel (b) und von Borstengras (c). 3. Blatt- und Scheidepartie von rauhhaariger Trespe: a unterer Teil der Spreite, b Teil der Scheide, c Blattgrund, d Blatthäutchen, e Zahnfortsätze. 4. Blatt- und Scheideteil von Quecke, der den Blattgrund und die gekrümmten Zahnfortsätze zeigt. 5. Blatt- und Scheidepartie von Ruchgras: a in natürlicher Größe, b vergrößert, die stumpfen Blattöhrchen zeigend.

Tafel II.

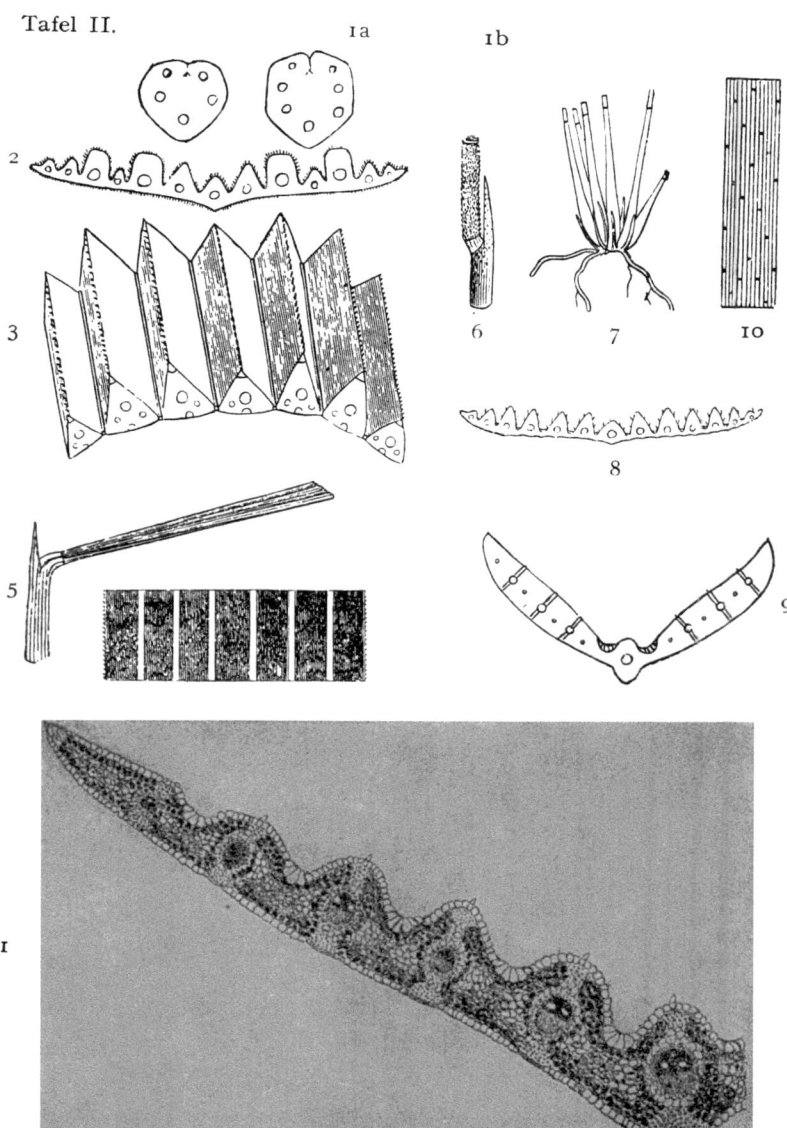

1a und b. Querschnitt durch ein Blatt von geschlängelter Schmiele. 2. Querschnitt durch ein Blatt von meergrünem Schillergras. 3. Blatteil von Rasenschmiele mit gekielten, steifhaarigen Rippen. 4. Blatteil von Rasenschmiele mit weißen Linien zwischen den Rippen. 5. Scheide- und Blatteil von Rasenschmiele mit dünnem, spitzem Blatthäutchen. 6. Stengelteil von Silbergras mit ausgezogenem Blatthäutchen. 7. Pfeifengras mit noch erhaltenen Gliedern vom vorhergehenden Jahre. 8. Querschnitt durch ein Blatt von geknicktem Fuchsschwanz. 9. Querschnitt durch ein Blatt von Wiesenhafer. 10. Teil der Blattscheide von Rohrglanzgras mit Querzweigen zwischen den Nerven. 11. Blatthälfte von deutschem Weidelgras in starker Vergrößerung, das die Rippen, die Bastpartien, welche den Zwischenraum zwischen den Nerven und der Haut auf der Ober- und Unterseite ausfüllen, sowie die großen Oberhautzellen in den Furchen zwischen den Rippen zeigt.

Tafel III.

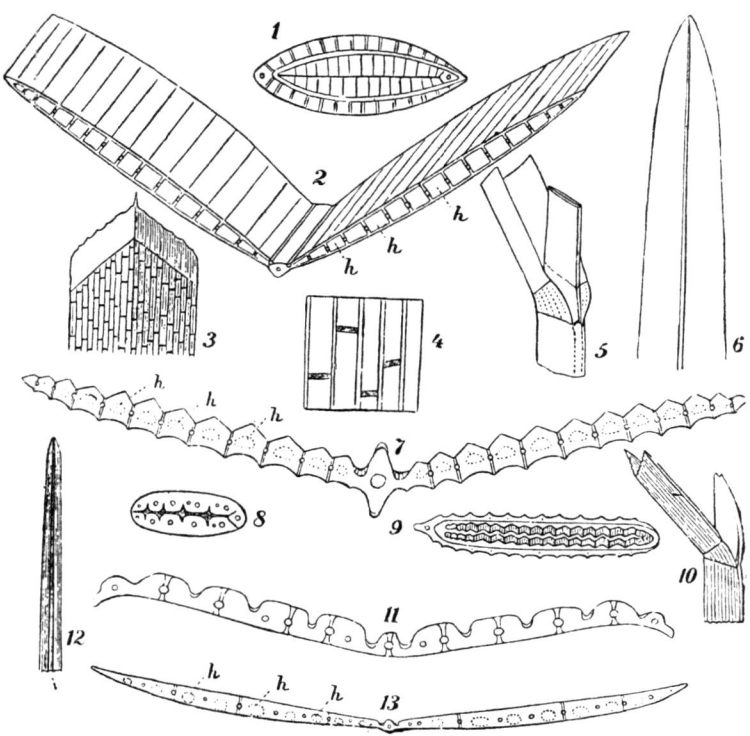

1. Wasserschwaden, Querschnitt durch Blatt und Scheide im Knospenstadium. 2. Wasserschw., Blatteil mit Hohlräumen (h) zwischen den Blattnerven. 3. Wasserschw., oberer Teil der Scheide mit Queradern zwischen den Längsadern. 4. Wasserschw., kleine vergrößerte Partie der Blattscheide. 5. Wasserschw., Blatt- und Stengelpartie mit Blattbasis (das dunkel gezeichnete) sowie Blatthäutchen. 6. Wasserschw., oberer Teil eines Blattes. 7. Mannagras, Querschnitt durch ein Blatt mit Lufthohlräumen (h). 8. Salzschwaden, Querschnitt durch ein Blatt im Knospenstadium. 9. Mannagras, Querschnitt durch ein Blatt im Knospenstadium. 10. Mannagras, Teil von Blatt und Scheide, langes Blatthäutchen. 11. Salzschwaden, Querschnitt durch ein Blatt mit platten, breiten, niedrigen Rippen, die mittlere abgerundet. 12. Salzschwaden, oberer Teil des Blattes, das lichte Streifen längs der Mittelader zeigt. 13. Wasser-Quellgras, Querschnitt durch ein Blatt mit lufterfüllten Hohlräumen.

Tafel IV

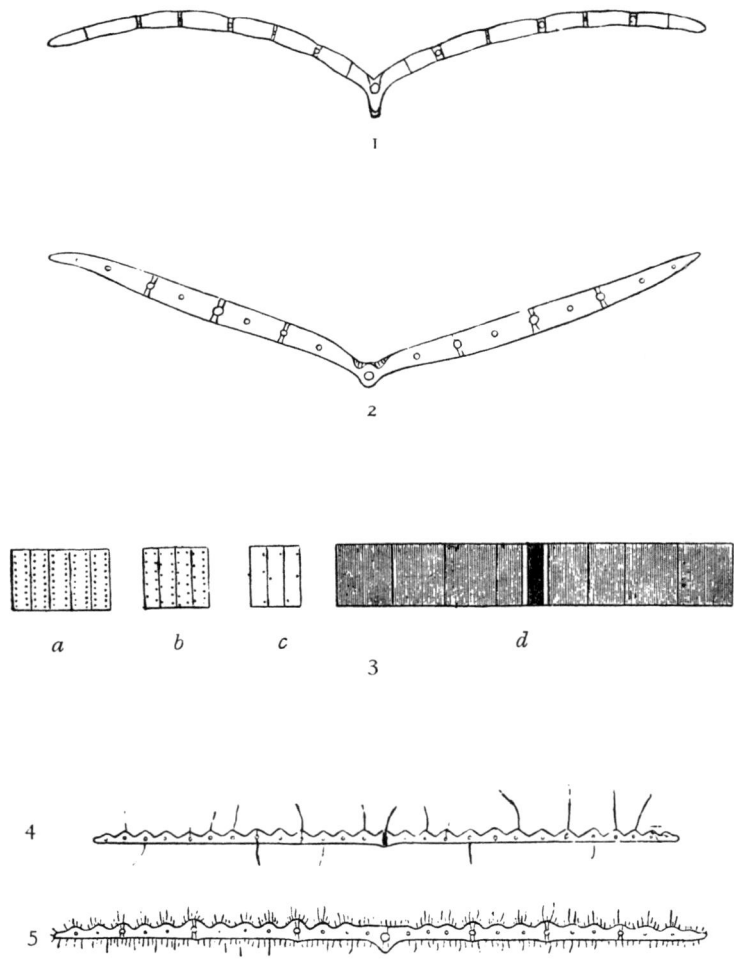

1. Querschnitt durch ein Blatt von Knaulgras mit kräftig entwickeltem Kiel auf der Unterseite.
2. Querschnitt durch ein Blatt von Wiesenrispengras mit „Gelenkzellen" (S. 7) auf der Oberseite zu beiden Seiten des Mittelnervs. 3. a die Spaltöffnungen auf der Oberseite, b und c auf der Unterseite eines Blattes von jährigem Rispengras zeigend, d Blattpartie von Wiesenrispengras (vergrößert), mit zwei weißen Streifen neben dem Mittelnerv, in durchfallendem Lichte sichtbar. 4. Querschnitt durch ein spärlich behaartes Blatt von Goldhafer. 5. Querschnitt durch ein dichtbehaartes Blatt von wolligem Honiggras.

Tafel V

Hülsenfrüchte mit paarigen Blättern, mit Ranke versehen.
1. Vogelwicke. 2. Zaunwicke, beide mit federädrigen („federnervigen") Blättchen. 3. Wiesen Platterbse, 4. Sumpf-Platterbse, beide mit „bogennervigen" Blättchen.

Tafel VI.

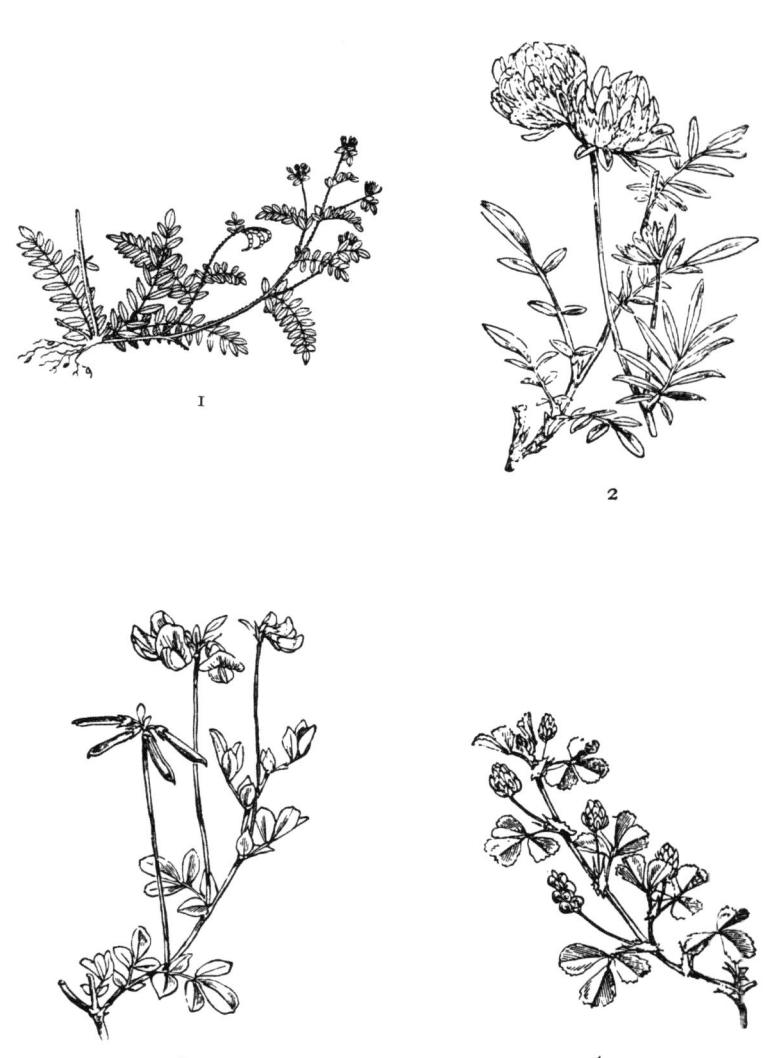

1, 2, 3, paarige Blätter mit Endblättchen, 4. dreizählige Blätter.
1. Mäusewicke. 2. Wundklee (großes Endblättchen). 3. Gemeiner Hornklee (zweipaarige Blätter ohne Nebenblätter). 4. Gem. Schneckenklee (Endblättchen mit deutlichem Stiel).

Tafel VII.

Hülsenfrüchte mit dreizähligen Blättern.
1. Rotklee, Nebenblätter breit, plötzlich in eine Granne übergehend. 2. Mittlerer Klee, Nebenblätter lanzettlich. 3. Weißklee mit kriechendem Stengel. 4. Luzerne, mit länglich-keiligen Blättchen.

Buchdruckerei
Otto Regel G. m. b. H.
Leipzig

MIX
Papier aus verantwortungsvollen Quellen
Paper from responsible sources
FSC® C105338

If you have any concerns about our products,
you can contact us on
ProductSafety@springernature.com

In case Publisher is established outside the EU,
the EU authorized representative is:
Springer Nature Customer Service Center GmbH
Europaplatz 3, 69115 Heidelberg, Germany

Printed by Libri Plureos GmbH
in Hamburg, Germany